⋙ 关于作者 ⋘

苗德岁 古生物学家、儿童科普作家。现供职于堪萨斯大学自然历史博物馆暨生物多样性研究所，中国科学院古脊椎动物与古人类研究所客座研究员。著有《物种起源（少儿彩绘版）》《天演论（少儿彩绘版）》《自然史（少儿彩绘版）》等儿童科普图书。

⋙ 关于绘者 ⋘

亚历山大·克雷洛夫 1980年出生于莫斯科，建筑师，对绘画充满热情。他对时常经过家门口的火车、船只和飞机痴迷不已。2005年荣获俄罗斯建筑与工程科学院毕业设计金奖，2017年在莫斯科举办个人作品展览。

图书在版编目（CIP）数据

生命的旅程 /（美）苗德岁著；（俄罗斯）亚历山大·克雷洛夫绘. —南宁：接力出版社，2022.4

（小万有通识文库. 全科系列）

ISBN 978-7-5448-7652-0

Ⅰ.①生… Ⅱ.①苗… ②亚… Ⅲ.①生物 – 进化 – 儿童读物 Ⅳ.①Q11-49

中国版本图书馆CIP数据核字(2022)第042193号

责任编辑：刘天天　　装帧设计：林奕薇　　美术编辑：林奕薇
责任校对：高 雅　　责任监印：刘 冬
社长：黄 俭　　总编辑：白 冰
出版发行：接力出版社　　社址：广西南宁市园湖南路9号　　邮编：530022
电话：010 - 65546561（发行部）　　传真：010 - 65545210（发行部）
网址：http://www.jielibj.com　　E - mail:jieli@jielibook.com
经销：新华书店　　印制：北京富诚彩色印刷有限公司
开本：889毫米×1194毫米 1/16　　印张：2　　字数：30千字
版次：2022年4月第1版　　印次：2022年4月第1次印刷　　定价：38.00元

SHENGMING DE LÜCHENG

生命的旅程

[美] 苗德岁 / 著

[俄罗斯] 亚历山大·克雷洛夫 / 绘

接力出版社
Publishing House

地球是太阳系中目前所知唯一存在生命的星球。我们四周到处都是生命。

一些科学家认为，目前地球上已知至少 874 万个物种，而实际数目可能还会远远超出这个数字，因为我们对土壤中的微生物以及海洋深处的生物还了解得不多。

（图中 8.74mln 代表 874 万）

生命是什么？

　　尽管我们不难分辨生命体与非生命体，然而，严格定义"生命"，却是一件非常困难的事。

要知道，光是从生物学角度，关于生命就有 100 多种不同的定义；从哲学角度，定义就更多了。

我们所熟知的生命体特征包括呼吸、摄食、排泄、新陈代谢、对外部刺激的反应、运动、生长和生殖等。

绝大多数生命体的基本化学成分是水，混合着一些有机化合物和盐。

物种之间的差别，不在于这些基本的化学组成，而在于各种原子和分子排列组合上的细微差别。

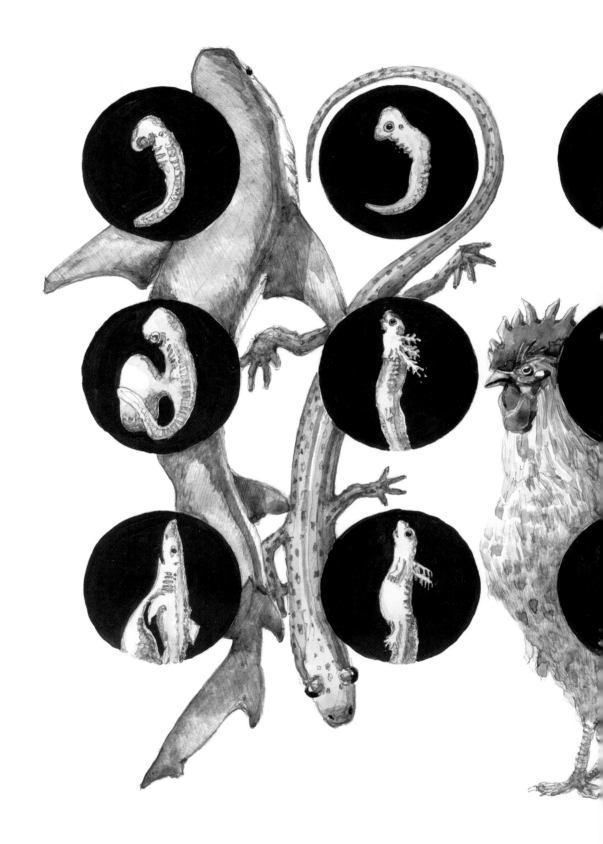

比较一下鲨鱼、蜥蜴、鸡、猪和人的胚胎，便可以看出这些胚胎在早期阶段非常相似，这说明它们是从同一祖先演化而来的。

其实，地球上所有物种都是从先前存在过的物种开始，在自然法则的支配下，经过漫长的时间，一步一步演化而来的。

我们可以用长颈鹿脖子变长的过程作为例子来看看大自然是如何创造物种的。

　　很久很久以前，长颈鹿的脖子还有长有短，在缺乏青草的时候，脖子长的长颈鹿可以吃到高处的树叶，因此存活下来，而脖子短的就会饿死。

　　就这样，脖子短的长颈鹿没有机会参与繁殖，它们的"短脖子基因"无法传递下来，因此数量越来越少，而脖子长的长颈鹿则越来越多。

　　就这样，长颈鹿的脖子就变得越来越长了，成了真正的"长颈鹿"。

　　有些基因变异可能很有用，有些变异对生物本身影响不大，还有些可能会有害处。如果出现的变异有利于生存和繁殖（例如长颈鹿的脖子变长），这些变异就会被保存下来并遗传下去。

　　达尔文将这种现象称为**"自然选择"**，并将这个学说写在了他的巨著《物种起源》中。

（*The Origin of Species*：《物种起源》）
（*Darwin*：达尔文）
（*Pan troglodytes*：黑猩猩）

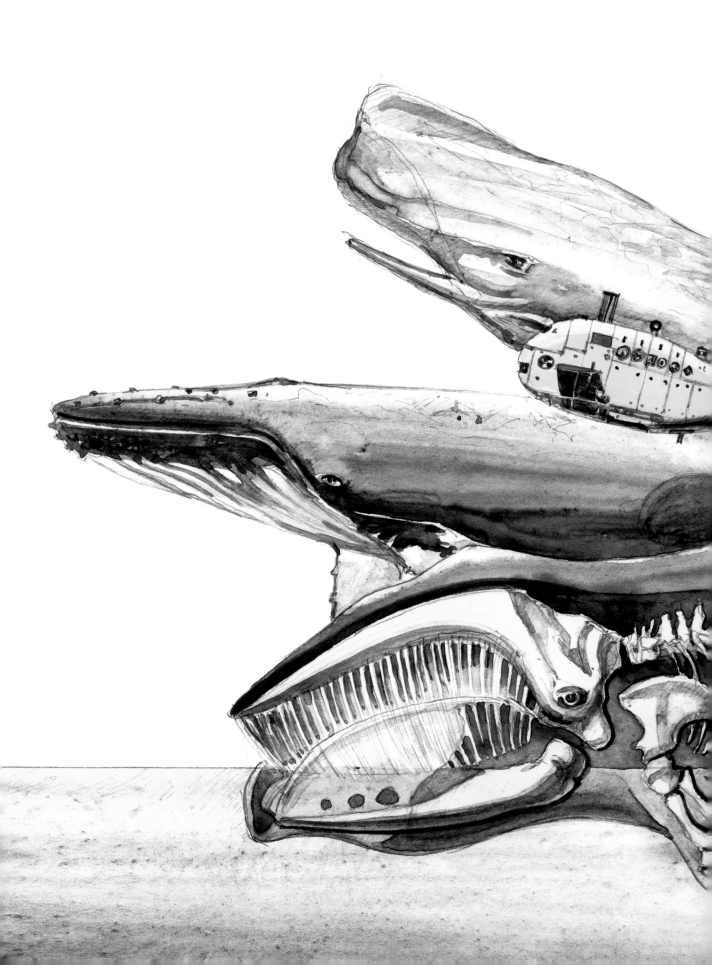

现存的野生生物物种，就都是在没有人工干预的情况下，通过"自然选择"，经过长期演化而来的。一个物种可能会演化出一个或很多个新的物种。

比如，世界上所有的鲸都是从5000多万年前的"巴基斯坦鲸"经过"自然选择"演化而来的。

世界上五花八门的物种就这样诞生了。

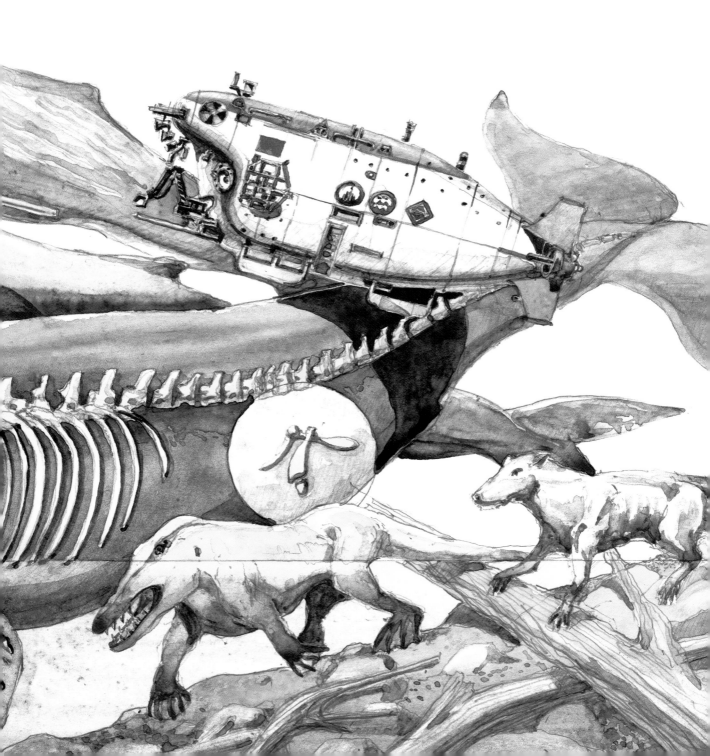

演化需要漫长的时间，但是对于地球漫长和古老的历史来说，最不缺的就是时间了。

　　100多年来，古生物学家从石头中挖出了许许多多化石，比如鱼石螈化石、始祖鸟化石等，这些化石为生物演化提供了大量的证据。

　　下面，就让我们一起来看看地球的生命演化史吧。

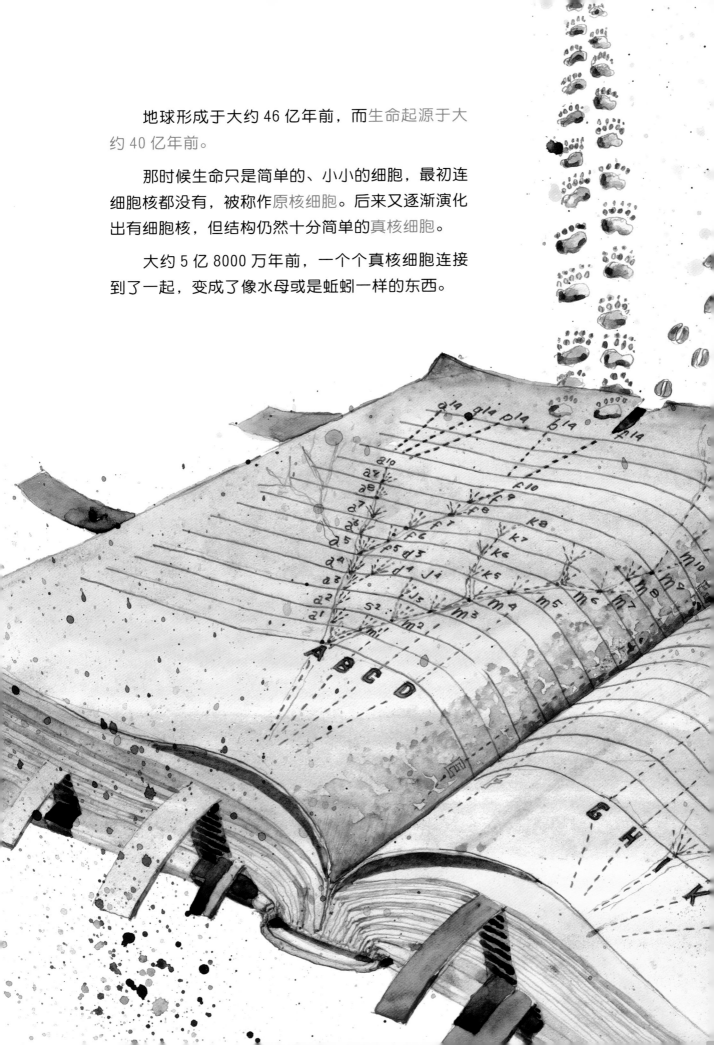

地球形成于大约 46 亿年前，而生命起源于大约 40 亿年前。

那时候生命只是简单的、小小的细胞，最初连细胞核都没有，被称作原核细胞。后来又逐渐演化出有细胞核，但结构仍然十分简单的真核细胞。

大约 5 亿 8000 万年前，一个个真核细胞连接到了一起，变成了像水母或是蚯蚓一样的东西。

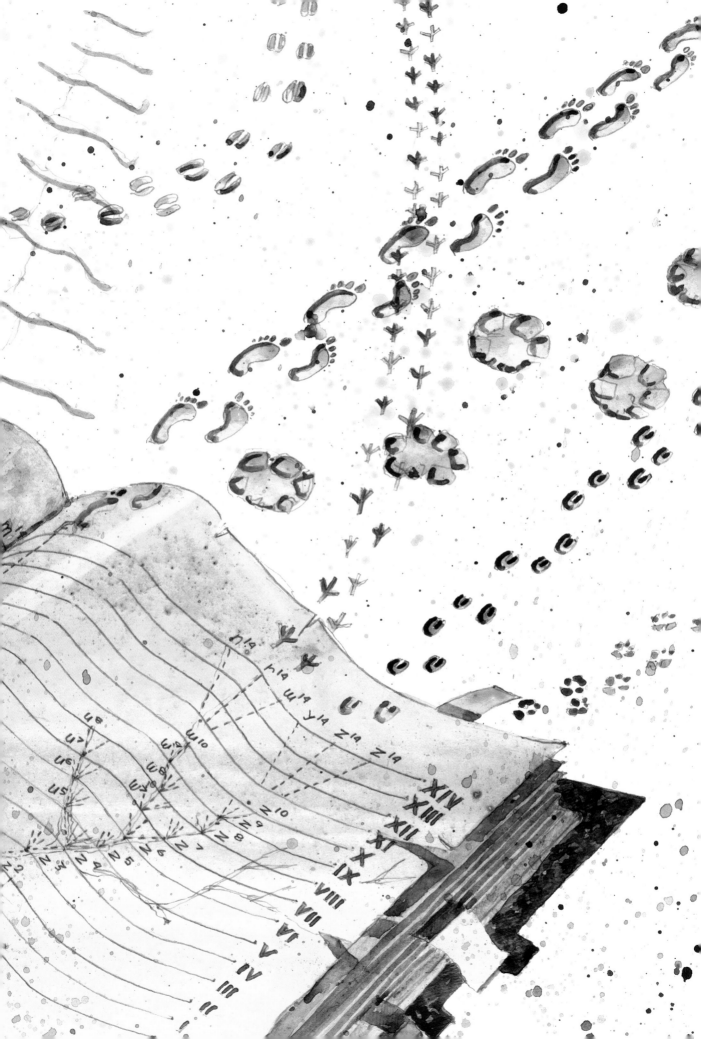

"寒武纪大爆发"发生在大约 5 亿 4000 万年前，细胞渐渐地在动物身体里制造出了骨头，在躯干上制造出了鳍，鱼形动物出现了。

在大约 4 亿 6000 万年前，海洋中的无脊椎动物兴盛了起来，许多现存的无脊椎动物的祖先在此时诞生。

脊椎动物登陆及四足类起源发生在大约 4 亿 1000 万年前，肉鳍鱼类爬上了岸，变成了青蛙一类的水陆两栖动物。

大约在 4 亿年前至 3 亿 1000 万年前，泥盆纪陆生植物发展起来，地球披上了绿装。

到了石炭纪，陆生植物与昆虫开始大繁荣，陆地上出现了高大的森林，森林里有许多巨大的昆虫。这也是世界范围内的成煤时期。大约 2 亿 5000 万年前至 6600 万年前，恐龙称霸地球。

白垩纪末小行星撞击地球及生物大灭绝事件发生在大约 6600 万年前，恐龙以及许多其他生物灭绝了，不过这也为 2 亿 5000 万年前就已经起源的哺乳动物扫清了障碍。

灵长类大发展发生在大约 6000 万年前。

大约在 700 万年前至 440 万年前，猿类开始直立行走并逐步演化出人类。到了 60 万年前至 20 万年前，人类能自由地使用双手了，于是开始磨石头、砍树、生火、开垦农田。1 万年前至 5000 年前，人类进一步使用和制造工具，开始进入文明史时期；再后来农耕社会发源，人类穿上了衣服，在房子里生活，开始做饭。

　　也就是说，人类花了大约 40 亿年的时间，才从最原始的单细胞生命形式演化成今天的模样，而且还会继续演化。

自然选择

《物种起源》

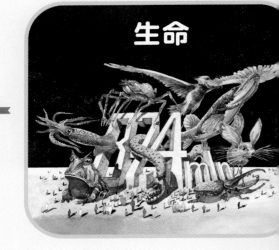

生命

所有的生命都是
演化而来的

达尔文

大约 40 亿年前	原核生物出现
大约 5 亿 8000 万年前	刺胞动物出现 
大约 5 亿 4000 万年前	"寒武纪大爆发" 
大约 4 亿 1000 万年前	两栖动物出现 
大约 4 亿年前 至 3 亿 1000 万年前	陆生植物出现
大约 2 亿 5000 万年前 至 6600 万年前	恐龙称霸地球
大约 6600 万年前	恐龙灭绝 
大约 6000 万年前	灵长类祖先出现 
大约 700 万年前 至 440 万年前	直立行走的人类出现 

生命演化史